BEI GRIN MACHT SICH IHR WISSEN BEZAHLT

- Wir veröffentlichen Ihre Hausarbeit,
  Bachelor- und Masterarbeit

- Ihr eigenes eBook und Buch -
  weltweit in allen wichtigen Shops

- Verdienen Sie an jedem Verkauf

Jetzt bei www.GRIN.com hochladen
und kostenlos publizieren

Bibliografische Information der Deutschen Nationalbibliothek:

Die Deutsche Bibliothek verzeichnet diese Publikation in der Deutschen National-
bibliografie; detaillierte bibliografische Daten sind im Internet über http://dnb.d-
nb.de/ abrufbar.

Impressum:

Copyright © 2018 GRIN Verlag
Druck und Bindung: Books on Demand GmbH, Norderstedt Germany
ISBN: 9783668911123

Dieses Buch bei GRIN:

https://www.grin.com/document/463475

Diana Schöniger

Analyse und Vergleich des Vitamin-Mineralstoff-Präparats mit den D-A-CH-Referenzwerten sowie Entwicklung eines Lebensmittels gemäß Health-Claims-Verordnung

GRIN Verlag

Deutsche Hochschule für

Prävention und Gesundheitsmanagement

Hermann Neuberger Sportschule 3

66123 Saarbrücken

Einsendeaufgabe

Fachmodul: Ernährung 4

Studiengang: Ernährungsberatung

Name, Vorname: Schöniger, Diana

Studienort: Leipzig

Semester: SS 2016

Inhaltsverzeichnis

1 Analyse und Vergleich des Vitamin-Mineralstoff-Präparats mit den D-A-CH Referenzwerten

Seit den 1940er Jahren werden von nationalen/internationalen Gesellschaften bzw. staatlich geförderten Institutionen Referenzwerte für die Zufuhr von Energie, Wasser, Makro- und Mikronährstoffen herausgegeben. Eine Zufuhr von Energie und Nährstoffen entsprechend den Referenzwerten soll bei nahezu allen gesunden Personen der Bevölkerung die lebensnotwendigen metabolischen, physischen und psychischen Funktionen sicherstellen und damit zum Erhalt und zur Förderung der Gesundheit beitragen. Dies beinhaltet die Verhütung von nährstoffspezifischen Mangelerkrankungen (wie z.B. Hypovitaminosen wie Rachitis und Skorbut) und weniger spezifischen Mangelsymptomen (wie z.B. Dermatiden). Andererseits soll eine Nährstoffaufnahme entsprechend den Referenzwerten akute bzw. chronische toxikologische Effekte und Gesundheitsschäden durch langfristige Überdosierung ausschließen. Konsequenterweise werden Untergrenzen und – wenn wissenschaftliche Daten verfügbar sind – tolerierbare Obergrenzen für die Zufuhr benannt. Innerhalb dieser Grenzen ist die Zufuhr sicher.

In Deutschland ist die Deutsche Gesellschaft für Ernährung e.V. (DGE) mit der Aufgabe betreut, Referenzwerte für die Nährstoffzufuhr zu erarbeiten. Seit 2000 erfüllt die DGE diese Aufgabe in enger Kooperation mit den Schwestergesellschaften in Österreich (ÖGE) und der Schweiz (SGE). Die erste Auflage der D-A-CH Referenzwerte wurde im März 2000 herausgegeben und seitdem stetig, aufgrund neuer wissenschaftlicher Erkenntnisse, überarbeitet. Die Referenzwerte sind nur für gesunde Personen gültig (Stehle, 2018, S. 240).

1.1 Prozentuale Zufuhr der Inhaltsstoffe und D-A-CH Referenzwerte

Die Verwendung von Vitamin-Mineralstoff-Präparaten ist in der Bevölkerung inzwischen weit verbreitet. Aus präventivmedizinischer Sicht kann die Gabe von Mikronährstoffsupplementen verschiedene Funktionen erfüllen: In Fällen einer unausgewogenen Ernährung ermöglicht sie die gezielte Zufuhr von kritischen Nährstoffen. Darüber hinaus kann ein erhöhter Nährstoffbedarf in bestimmten Bevölkerungsgruppen (z.B. Schwangere, Senioren) gedeckt werden (Hahn, Ströhle & Biesalski, 2018, S. 552).

In der folgenden Tabelle sind die prozentuale Zufuhr der Inhaltsstoffe in 4 Kapseln (Tagesdosis) des Präparats „Vital" und die allgemeinen täglichen Zufuhrempfehlungen nach D-A-CH Referenzwerten für Stillende aufgeführt.

Tab. 1: Prozentuale Zufuhr der Inhaltsstoffe in 4 Kapseln des Präparats und die allgemeinen täglichen Zufuhrempfehlungen nach D-A-CH Referenzwerten

Vitamine und Mineralstoffe	Prozentuale Zufuhr der Inhaltsstoffe in 4 Kapseln (Tagesdosis) des Präparats	Allgemeine tägliche Zufuhrempfehlungen nach D-A-CH Referenzwerten für Stillende
Beta-Carotin	5712 µg ≙ 380,8% des Referenzwertes	1500 µg
Vit. B1	14 mg ≙ 1.076,92% des Referenzwertes	1,3 mg
Vit. B2	16 mg ≙ 1.142,86% des Referenzwertes	1,4 mg
Vit. B6	20 mg ≙ 1.052,63% des Referenzwertes	1,9 mg
Vit. B12	85 µg ≙ 2.125% des Referenzwertes	4,0 µg
Vit. C	300 mg ≙ 240% des Referenzwertes	125 mg
Vit. D	5 µg ≙ 25% des Referenzwertes	20 µg
Vit. E	100 mg ≙ 588,24% des Referenzwertes	17 mg
Vit. K	40 µg ≙ 66,67% des Referenzwertes	60 µg
Biotin	200 µg ≙ 333,33 – 666,67% des Referenzwertes	30 – 60 µg
Folsäure	400 µg ≙ 88,89% des Referenzwertes	450 µg
Niacin	50 mg ≙ 312,5% des Referenzwertes	16 mg
Pantothensäure	50 mg ≙ 833,33% des Referenzwertes	6 mg
Magnesium	300 mg ≙ 76,92% des Referenzwertes	390 mg
Kalzium	100 mg ≙ 10% des Referenzwertes	1000 mg
Kalium	120 mg ≙ 2,73% des Referenzwertes	4.400 mg
Zink	9 mg ≙ 81,82% des Referenzwertes	11 mg
Eisen	14 mg ≙ 70% des Referenzwertes	20 mg
Kupfer	2 mg ≙ 133,33 – 200% des Referenzwertes	1,0 – 1,5 mg

Vitamine und Mineralstoffe	Prozentuale Zufuhr der Inhaltsstoffe in 4 Kapseln (Tagesdosis) des Präparats	Allgemeine tägliche Zufuhrempfehlungen nach D-A-CH Referenzwerten für Stillende
Mangan	5 mg ≙ 100 – 250% des Referenzwertes	2,0 – 5,0 mg
Chrom	150 µg ≙ 150 – 500% des Referenzwertes	30 – 100 µg
Molybdän	200 µg ≙ 200 – 400% des Referenzwertes	50 – 100 µg
Selen	50 µg ≙ 66,67% des Referenzwertes	75 µg

Beispielhaft ist nachfolgend die Rechnung der prozentualen Zufuhr der Inhaltsstoffe des Präparats für Vitamin B1 aufgeführt.

$$\text{Prozentuale Zufuhr von Vitamin B1} = \frac{14\ mg\ x\ 100}{1,3\ mg} = 1.076,92\%$$

1.2 Bewertung der einzelnen Inhaltsstoffe des Vitamin-Mineralstoff-Präparats

Im Folgenden wird auf jeden Inhaltsstoff aus Tabelle 1 einzeln eingegangen und bewertet, ob eine Unterversorgung, Deckung des Bedarfs oder eine Überversorgung des Inhaltsstoffes vorliegt. Außerdem werden aufgrund dieser Bewertung die Gefahren/Risiken einer vorliegenden Unter- oder Überversorgung für jeden Inhaltsstoff abgeleitet.

1.2.1 Beta-Carotin

Der Beta-Carotin-Bedarf liegt für Stillende bei 1.500 µg/Tag (D-A-CH, 2017). Mit der empfohlenen Tagesdosis des Vitamin-Mineralstoff-Präparats werden 5.712 µg Beta-Carotin aufgenommen. Es liegt somit einer Überversorgung vor.

Risiken einer Überdosierung bestehen nicht, da die Aktivität des spaltenden Enzyms mit steigender Zufuhr an Beta-Carotin heruntergeregelt wird (Biesalski, 2018, S. 173).

Die EFSA (European Food Safety Authority) bewertet eine tägliche Zufuhr von Beta-Carotin von bis zu 15 mg für Erwachsene als unbedenklich (EFSA, 2012).

1.2.2 Vitamin B1

Der Vitamin-B1-Bedarf liegt für Stillende bei 1,3 mg/Tag (D-A-CH, 2017). Mit der empfohlenen Tagesdosis des Vitamin-Mineralstoff-Präparats werden 14 mg Vit. B1 aufgenommen. Es liegt somit eine Überversorgung vor.

Die Absorptionsrate von Thiamin nimmt bei Zufuhrmengen von über 5 mg/Tag schnell ab und es wird bei hohen Zufuhrmengen zügig über den Urin ausgeschieden. Die LD_{50} von Thiamin liegt mit 125 – 350 mg/kg Körpergewicht sehr hoch. Bisher wurden beim Menschen keine Nebenwirkungen festgestellt, selbst wenn die Recommendend Dietary Allowances (RDA) um bis zum 200-Fachen überschritten waren (Biesalski, 2018, S. 186).

1.2.3 Vitamin B2

Der Vitamin-B2-Bedarf liegt für Stillende bei 1,4 mg/Tag (D-A-CH, 2017). Mit der empfohlenen Tagesdosis des Vitamin-Mineralstoff-Präparats werden 16 mg Vit. B2 aufgenommen. Es liegt somit eine Überversorgung vor.

Die Toxizität von Riboflavin ist extrem gering (LD_{50} = 560 g/ kg Körpergewicht intra-peritoneal). Intoxikationen wurden beim Menschen selbst bei höchsten Dosen bisher nicht beobachtet (Biesalski, 2018, S. 187). Ein Upper Level für die Aufnahme ist nicht definiert (EFSA, 2006).

1.2.4 Vitamin B6

Der Vitamin-B6-Bedarf liegt für Stillende bei 1,9 mg/Tag (D-A-CH, 2017). Mit der empfohlenen Tagesdosis des Vitamin-Mineralstoff-Präparats werden 20 mg Vit. B6 aufgenommen. Es liegt somit eine Überversorgung vor.

Vit. B6 hat zwar nur eine geringe Toxizität, kann jedoch bereits bei deutlich geringen Mengen über längere Zeiträume zu Überdosierungserscheinungen führen. Bei chroni-scher Einnahme (> 500 mg/Tag) kann es zu Ataxie (Gangunsicherheit) und schweren peripheren sensiblen Neuropathien mit Reflexausfällen und Störungen des Tast- und Temperaturempfindens kommen (Schek, 2013, S. 127).

1.2.5 Vitamin B12

Der Vitamin-B12-Bedarf liegt für Stillende bei 4,0 µg/Tag (D-A-CH, 2017). Mit der empfohlenen Tagesdosis des Vitamin-Mineralstoff-Präparats werden 85 µg Vit. B12 aufgenommen. Es liegt somit eine Überversorgung vor.

Selbst bei sehr hoher Zufuhr von Vit. B12 (pharmakologische Dosierungen bis 5 mg/Tag) sind Nebenwirkungen nicht beobachtet (EFSA, 2006).

1.2.6 Vitamin C

Der Vitamin-C-Bedarf liegt für Stillende bei 125 mg/Tag (D-A-CH, 2017). Mit der empfohlenen Tagesdosis des Vitamin-Mineralstoff-Präparats werden 300 mg Vit. C aufgenommen. Es liegt somit eine Überversorgung vor.

Eine akut übererhöhte Aufnahme führt in der Regel zu keinen gravierenden Beeinträchtigungen. Bei Dosierungen > 5 g/Tag treten osmotisch bedingte Durchfälle auf. Bei nierengeschädigten Personen und solchen mit Vitamin-C-Malabsorption kann es zur Bildung von Calciumoxalatsteinen in den Nieren kommen (Schek, 2013, S. 121).

Laut EFSA ist eine Supplementation von bis zu etwa 1 g Vitamin C/Tag zusätzlich zur Zufuhr mit der Nahrung nicht mit schädlichen Nebenwirkungen verbunden (EFSA, 2004).

1.2.7 Vitamin D

Der Vitamin-D-Bedarf liegt für Stillende bei 20 µg/Tag (D-A-CH, 2017). Mit der empfohlenen Tagesdosis des Vitamin-Mineralstoff-Präparats werden allerdings nur 5 µg Vit. D zugeführt. Es liegt somit eine Unterversorgung vor.

Ein Vit. D Mangel kann bei Erwachsenen zu Osteomalzie, d.h. Entmineralisierung der Knochen führen. Charakterisiert ist sie durch Knochenverformungen, gesteigerte Knochenbrüchigkeit (Osteoporose) und erhöhte Elastizität. Auch Tetanie (Dauerkontraktionen), insbesondere an Händen und Füßen sowie an der Stimmritze (→ Erstickungsgefahr), resultierend aus einer Herabsetzung der Schwelle der muskulären Erregbarkeit und sekundärer Hyperparathyreoidismus (Nebenschilddrüsenüberfunktion), bedingt durch eine chronisch erhöhte PTH-Ausschüttung, die auf die synergistische Wirkung von Vitamin D mit PTH (Parathormon) zurückzuführen ist, kann bei einem Mangel beobachten werden (Schek, 2013, S. 112-113).

1.2.8 Vitamin E

Der Vitamin-E-Bedarf liegt für Stillende bei 17 mg/Tag (D-A-CH, 2017). Mit der empfohlenen Tagesdosis des Vitamin-Mineralstoff-Präparats werden 100 mg Vit. E aufgenommen. Es liegt somit eine Überversorgung vor.

Tocopherol ist im Prinzip nicht toxisch. Bei der therapeutischen Anwendung von Megadosen (> 300 mg/Tag) ist aufgrund der Interferenz mit Vitamin K dennoch Vorsicht geboten.

Bei Langzeitverabreichungen von Dosen > 60 mg/Tag besteht bereits die Möglichkeit einer Akkumulation im Blutplasma, da die Halbwertszeit verhältnismäßig lang ist (Schek, 2013, S. 116).

1.2.9 Vitamin K

Der Vitamin-K-Bedarf liegt für Stillende bei 60 µg/Tag (D-A-CH, 2017). Mit der empfohlenen Tagesdosis des Vitamin-Mineralstoff-Präparats werden 40 µg Vit. K aufgenommen. Es liegt somit eine Unterversorgung vor.

Als Symptome einer Vitamin-K-Mangelversorgung treten Verzögerung der Blutgerinnungszeit sowie Neigung zu Hämorrhagien (ausgedehnte Gewebeblutungen) auf. Auch erhöht sich bei Frauen das Risiko für Knochenfrakturen (Schek, 2013, S. 118).

1.2.10 Biotin

Der Biotin-Bedarf liegt für Stillende bei 30 – 60 µg/Tag (D-A-CH, 2017). Mit der empfohlenen Tagesdosis des Vitamin-Mineralstoff-Präparats werden 200 µg Biotin aufgenommen. Es liegt somit eine Überversorgung vor.

Symptome einer Überversorgung sind nicht bekannt (Biesalski, 2018, S. 204).

1.2.11 Folsäure

Der Folsäure-Bedarf liegt für Stillende bei 450 µg/Tag (D-A-CH, 2017). Mit der empfohlenen Tagesdosis des Vitamin-Mineralstoff-Präparats werden 400 µg Folsäure aufgenommen. Es liegt somit eine Unterversorgung vor.

Bei einer Unterversorgung werden durch den Anstieg des Homocysteins im Blut als Folge der schlechten Versorgung degenerative Erkrankungen wie Arteriosklerose, aber auch die Entwicklung der Demenz begünstigt (Biesalski, 2018, S. 201).

1.2.12 Niacin

Der Niacin-Bedarf liegt für Stillende bei 16 mg/Tag (D-A-CH, 2017). Mit der empfohlenen Tagesdosis des Vitamin-Mineralstoff-Präparats werden 50 mg Niacin aufgenommen. Es liegt somit eine Überversorgung vor.

Niacin scheint selbst in hohen Dosen nicht toxisch zu sein, wie Untersuchungen zur cholesterinsenkenden Wirkung mit Gaben von 3 – 6 g Nicotinsäure/Tag zeigen. In solchen Mengen hat Nicotinsäure den pharmakologischen Effekt, dass es die hepatische VLDL-Synthese inhibiert, dabei aber gleichzeitig zu peripherer Vasodilatation und Flush führt. Der Flush geht jedoch nach einigen Tagen rapide zurück. Die Zufuhr von Nicotinamid bewirkt weder einen Flush noch einen cholesterinsenkenden Effekt (Biesalski, 2018, S. 197-198).

1.2.13 Pantothensäure

Der Pantothensäure-Bedarf liegt für Stillende bei 6 mg/Tag (D-A-CH, 2017). Mit der empfohlenen Tagesdosis des Vitamin-Mineralstoff-Präparats werden 50 mg Pantothensäure aufgenommen. Es liegt somit eine Überversorgung vor.

Eine Hypervitaminose durch Pantothensäure ist beim Menschen nicht bekannt (Biesalski, 2018, S. 199).

1.2.14 Magnesium

Der Magnesium-Bedarf liegt für Stillende bei 390 mg/Tag (D-A-CH, 2017). Mit der empfohlenen Tagesdosis des Vitamin-Mineralstoff-Präparats werden 300 mg Magnesium aufgenommen. Es liegt somit eine Unterversorgung vor.

Folgen einer Unterversorgung sind Ca-Mg-Ionenimbalanz und neuromuskuläre Übererregbarkeit. Symptome sind Tremor, Kribbeln, Muskelkrämpfe (Tetanie), epileptiforme Anfälle, Herzrhythmusstörungen, Übelkeit, Erbrechen, Verwirrtheit und Apathie (Schek, 2013, S. 166).

1.2.15 Kalzium

Der Kalzium-Bedarf liegt für Stillende bei 1.000 mg/Tag (D-A-CH, 2017). Mit der empfohlenen Tagesdosis des Vitamin-Mineralstoff-Präparats werden 10 mg Kalzium aufgenommen. Es liegt somit eine Unterversorgung vor.

Folgen einer Unterversorgung sind herabgesetztes Schwellenpotenzial der Muskelkontraktion, Osteoporose und erhöhte Schwermetalltoxizität im Falle gleichzeitig niedriger Proteinzufuhr. Symptome sind Knochenschwund, Tetanie und sekundärer Hyperparathyreoidismus (Schek, 2013, S. 166).

1.2.16 Kalium

Der Kalium-Bedarf liegt für Stillende bei 4.400 mg/Tag (D-A-CH, 2017). Mit der empfohlenen Tagesdosis des Vitamin-Mineralstoff-Präparats werden 120 mg Kalium aufgenommen. Es liegt somit eine Unterversorgung vor.

Folgen einer Hypokalämie sind Osmolaritätserniedrigung, Dehydration und kompensatorische Na-Anreicherung in den Muskelzellen. Symptome sind Übelkeit, Anorexie, Muskelschwäche, die bis hin zu Lähmungen führen kann, Herzrhythmusstörungen und irrationales Verhalten (Schek, 2013, S. 165).

1.2.17 Zink

Der Zink-Bedarf liegt für Stillende bei 11 mg/Tag (D-A-CH, 2017). Mit der empfohlenen Tagesdosis des Vitamin-Mineralstoff-Präparats werden 9 mg Zink aufgenommen. Es liegt somit eine Unterversorgung vor.

Folgen einer Unterversorgung sind Reduktion der Aktivität Zn-abhängiger Enzyme sowie Beeinträchtigung des Stoffwechsels von Nucleinsäuren, Proteinen, Fetten und Kohlenhydraten. Symptome sind verringerte Glucosetoleranz, niedriger Insulingehalt im Serum nach Glucose-Applikation und erhöhte Konzentration freier Fettsäuren im Plasma, erhöhte Infektionsanfälligkeit, verzögerte Wundheilung, Dermatitis, Haarausfall, Störungen bei den Reproduktionsfunktionen, Einschränkungen des Geruchs- und Geschmacksempfindens, Appetitlosigkeit und neuropsychische Störungen (Schek, 2013, S. 172).

1.2.18 Eisen

Der Eisen-Bedarf liegt für Stillende bei 20 mg/Tag (D-A-CH, 2017). Mit der empfohlenen Tagesdosis des Vitamin-Mineralstoff-Präparats werden 14 mg Eisen aufgenommen. Es liegt somit eine Unterversorgung vor.

Folge einer Unterversorgung ist die Störung der Erythropoese (Bildung roter Blutkörperchen). Symptome sind mikrozytäre, hypochrome Anämie, Mundwinkelrhagaden und Erschöpfung (Schek, 2013, S. 170).

1.2.19 Kupfer

Der Kupfer-Bedarf liegt für Stillende bei 1,0 – 1,5 mg/Tag (D-A-CH, 2017). Mit der empfohlenen Tagesdosis des Vitamin-Mineralstoff-Präparats werden 2 mg Kupfer aufgenommen. Es liegt somit eine Überversorgung vor.

Als tolerierbare Gesamtzufuhrmenge gibt die EFSA 5 mg/Tag an (EFSA, 2006).

1.2.20 Mangan

Der Mangan-Bedarf liegt für Stillende bei 2,0 – 5,0 mg/Tag (D-A-CH, 2017). Mit der empfohlenen Tagesdosis des Vitamin-Mineralstoff-Präparats werden 5 mg Mangan aufgenommen. Der Bedarf ist somit gedeckt.

In größeren Mengen ist Mangan toxisch und ruft Störungen in Magen-Darm-Trakt, Lunge und Nervensystem hervor (Schek, 2013, S. 174).

1.2.21 Chrom

Der Chrom-Bedarf liegt für Stillende bei 30 – 100 µg/Tag (D-A-CH, 2017). Mit der empfohlenen Tagesdosis des Vitamin-Mineralstoff-Präparats werden 150 µg Chrom aufgenommen. Es liegt somit eine Überversorgung vor.

Probleme einer Überversorgung sind nicht bekannt.

1.2.22 Molybdän

Der Molybdän-Bedarf liegt für Stillende bei 50 – 100 µg/Tag (D-A-CH, 2017). Mit der empfohlenen Tagesdosis des Vitamin-Mineralstoff-Präparats werden 200 µg Molybdän aufgenommen. Es liegt somit eine Überversorgung vor.

Eine extrem hohe Molybdän-Zufuhr (10 – 15 mg/Tag) soll gichtähnliche Symptome zur Folge haben. Außerdem erhöht sich die renale Calcium-Ausscheidung (Schek, 2013, S. 176).

Die EFSA leitet auf der Basis der tolerierbaren Gesamtzufuhrmenge von ca. 0,01 mg/kg Körpergewicht und Tag eine tolerierbare Gesamtzufuhrmenge von 0,6 mg Molybdän/Tag ab (EFSA, 2006).

1.2.23 Selen

Der Selen-Bedarf liegt für Stillende bei 75 µg/Tag (D-A-CH, 2017). Mit der empfohlenen Tagesdosis des Vitamin-Mineralstoff-Präparats werden 50 µg Selen aufgenommen. Es liegt somit eine Unterversorgung vor.

Folgen einer Unterversorgung sind geringe Selenoproteingehalte in den Geweben, reduzierter Se-Gehalt sowie verminderte Glutathion-Peroxidase-Aktivität in den Erythrozyten und Makrozytose (abnorm vergrößerte Erythrozyten). Symptome sind Störungen der Muskelfunktion und Kardiomyopathie (Schek, 2013, S. 175).

2 Entwicklung eines Lebensmittels gemäß Health-Claims-Verordnung

Am 1. Juli 2007 trat die EU-Verordnung 1924/2006 über nährwert- und gesundheitsbezogene Aussagen über Lebensmittel in Kraft. Damit änderten sich die gesetzlichen Regelungen zur Verwendung solcher Aussagen. Lebensmittelhersteller dürfen demnach nährwert- und gesundheitsbezogene Aussagen (Health Claims) nur noch verwenden, wenn sie auf einer Positivliste der EU aufgeführt sind und gleichzeitig das Lebensmittel einem vorgegebenen Nährwertprofil entspricht.

Mit der Verordnung sollen Verbraucher vor Irreführung geschützt werden. Außerdem soll ihnen so auch eine Möglichkeit gegeben werden, sich eigenverantwortlich für eine gesunde und ausgewogene Ernährung zu entscheiden.

Health Claims dürfen nur verwendet werden, wenn sie sich auf allgemein anerkannte wissenschaftliche Nachweise stützen und vom durchschnittlichen Verbraucher richtig verstanden werden (BfR, 2018).

Nachfolgend wird ein Produkt vorgestellt, dass durch einen speziellen Inhalts- oder Zusatzstoff eine bestimmte gesundheitsfördernde Wirkung aufweist und den Anforderungen der Health-Claims-Verordnung gerecht wird.

2.1 Allgemeine Informationen über das Produkt

Es handelt sich um ein Pulver mit Vitamin D3. Die Verkehrsbezeichnung lautet: Nahrungsergänzungsmittel mit Vitamin D3. Die Nettofüllmenge der Dose beträgt 100 g. Es besitzt eine sehr gute Löslichkeit und ist frei von weiteren Zusatzstoffen.

2.2 Physiologie Vitamin D

Vitamin D ist eigentlich ein Hormon, da es im Körper gebildet wird, Fernwirkungen hat und seine Synthese und Aktivierung unter Einschluss einer Rückkoppelung durch das regulierende Parathormon (PTH) gesteuert werden.

Das Vorkommen von Vitamin D in der Nahrung ist sehr begrenzt.

Das in der Haut unter dem Einfluss von UV-Licht synthetisierte oder mit der Nahrung aufgenommene Vitamin D wird über das Blut in die Leber transportiert. Dort wird es zu $25(OH)D_3$ hydroxyliert. Aus der Leber wird es in die Niere transportiert und zu

1,25(OH)$_2$D$_3$ hydroxyliert. Dieser Schritt wird vom PTH stimuliert. Der PTH-Spiegel steigt bei Kalziummangel und sinkt bei Hyperkalzämie. Dadurch wird die aktivierende Hydroxylierung von Vitamin D in der Niere durch das PTH gesteuert. Aus demselben Grund sinkt im Winter wegen der Abnahme der UV-Bestrahlung der Blutspiegel von Vitamin D ab, während derjenige des PTH ansteigt. Vitamin D stimuliert die intestinale Resorption von Kalzium und ermöglicht vor allem die Mineralisierung der Knochen-matrix.

Die Ermittlung des Vitamin-D-Status kann durch Bestimmung des zirkulierenden 25(OH)D$_3$ erfolgen (Burckhardt, 2006, S. 788).

2.3 Wirkung des Produktes

Das Pulver mit Vitamin D3 hilft, den Bedarf an Vitamin D3 abzudecken. Vitamin D3 trägt zur Erhaltung normaler Knochen bei.

2.4 Personenkreis

Das Produkt ist für folgende Personen geeignet:
- Menschen, die sich kaum oder gar nicht im Freien aufhalten
- Menschen, die aus religiösen oder kulturellen Gründen nur mit gänzlich bedeck-ten Körper nach draußen gehen
- Menschen mit dunkler Hautfarbe (hoher Gehalt an Melanin)
- chronisch kranke und pflegebedürftige Menschen, die sich nicht im Freien auf-halten können

Für Schwangere und Veganer ist das Pulver nicht geeignet.

2.5 Anwendung

Das Produkt ist ein Nahrungsergänzungsmittel und wird somit begleitend zur Ernährung angewendet. Es ist kein Ersatz für eine abwechslungsreiche und ausgewogene Ernäh-rung.

Da es als Pulver vorliegt kann man, auch wenn nicht eine volle Portion benötigt wird, die Dosierung anpassen.

2.6 Zusammensetzung des Produktes

Das Pulver setzt sich aus Dextrose und Cholecalciferol (Vitamin D3) zusammen.

2.7 Gehalt an Nährstoffen

In der folgenden Tabelle ist der Gehalt an Nährstoffen bezogen auf 100 g des Produktes sowie eine tägliche Portion dargestellt.

Tab. 2: Nährwerte und Vitamine des Nahrungsergänzungsmittels

Nährwerte	pro 100 g	pro 100 mg (½ Messlöffel)	
Brennwert	391 kcal/1662 kJ	<1 kcal/1.66 kJ	
Fett	0 g	0 g	
- davon gesättigte Fettsäuren	0 g	0 g	
Kohlenhydrate	96.8 g	0.09 g	
- davon Zucker	96.8 g	0.09 g	
Ballaststoffe	0 g	0 g	
Eiweiß	0 g	0 g	
Salz	0 g	0 g	
Vitamine	pro 100g	pro 100 mg (1/2 Messlöffel)	% NRV [1]
Cholecalciferol (Vitamin D3)	25.000 µg	25 µg	500
[1] Prozentsatz der Nährstoffbezugswerte (Nutrient Reference Values) nach Verordnung (EU) Nr. 1169/2011			

2.8 Zufuhrempfehlung

Einen halben Messlöffel (100 mg) täglich mit viel Flüssigkeit einnehmen.

2.9 Studien, welche die propagierte Wirkung bestätigen

In der nachfolgenden Tabelle werden zwei Studien vorgestellt, welche die propagierte Wirkung, dass Vitamin D zum Erhalt normaler Knochen beiträgt, bestätigen.

Tab. 3: Studien, welche die propagierte Wirkung von Vitamin D bestätigen

Studie 1	Studie 2
Titel der Studie	
Wintertime vitamin D supplementation inhibits seasonal variation of calcitropic hormones and maintains bone turnover in healthy men.	Effect of four monthly oral vitamin D3 (cholecalciferol) supplementation on fractures and mortality in men and women living in the community: randomised double blind controlled trial.
Quelle	
Viljakainen, H. T., Väisänen, M., Kemi, V., Rikkonen, T., Kröger, H., Laitinen, E K. A et al. (2009). Wintertime vitamin D supplementation inhibits seasonal variation of calcitropic hormones and maintains bone turnover in healthy men. *Journal of Bone and Mineral Research, 24* (2).	Trivedi, D. P., Doll, R. & Khaw K. T. (2003). *Effect of four monthly oral vitamin D3 (cholecalciferol) supplementation on fractures and mortality in men and women living in the community: randomised double blind controlled trial.* Zugriff am 26.09.2018. Verfügbar unter https://www.bmj.com/content/326/7387/469.long
Wer hat die Studie durchgeführt?	
Heli T. Viljakainen, Milja Väisänen, Virpi Kemi, Toni Rikkonen, Heikki Kröger, E Kalevi A Laitinen, Hannu Rita & Christel Lamberg-Allardt	Daksha P. Trivedi, Richard Doll & Kay Tee Khaw
In welchem Jahr wurde die Studie publiziert?	
2009	2003
Versuchspersonen	
Die Probanden waren gesunde weiße Männer im Alter von 21 – 49 Jahren aus der Region Helsinki mit einer durchschnittlichen gewohnheits-	2.686 Menschen (2.037 Männer und 649 Frauen) im Alter von 65 – 85 Jahren in der allgemeinen Gemeinschaft.

Studie 1	Studie 2
mäßigen Aufnahme von Vitamin D von 6,6 ± 5,1 (SD) Mikrogramm/Tag.	
Versuchsaufbau	
Doppelt verblindete Vitamin-D-Interventionsstudie, bei der die Probanden drei Gruppen von 20 Mikrogramm (800 IE), 10 Mikrogramm (400 IE) oder Placebo zugewiesen wurden. Fastenblutproben wurden sechsmal für Analysen von Serum (S-) 25 (OH) D, iPTH, knochenspezifischer alkalischer Phosphatase (BALP) und TRACP gesammelt. Radiale volumetrische BMD (vBMD) wurde zu Beginn und am Ende der Studie mit pQCT gemessen.	Randomisierte kontrollierte Doppelblindstudie mit 100.000 IE oraler Vitamin D3 (Cholecalciferol) Supplementierung oder einem Placebo alle vier Monate über fünf Jahre.
Ergebnisse	
Die Supplementierung hemmte die PTH-Erhöhung im Winter (p = 0,035), senkte die S-BALP-Konzentration (p < 0,05), profitierte aber nur geringfügig von der kortikalen BMD (p = 0,09). Eine Vitamin-D-Supplementierung verbesserte den Vitamin-D-Status und hemmte den Anstieg des PTH im Winter sowie die BALP-Konzentration. Das Verhältnis von TRACP zu BALP zeigt die Kopplung des Knochenumbaus auf eine robuste Art und Weise.	Nach fünf Jahren hatten 286 Männer und Frauen Vorfallfrukturen, von denen 147 Frakturen in gewöhnlichen osteoporotischen Arealen (Hüfte, Handgelenk, Unterarm oder Wirbel) hatten. Relative Risiken der Vitamin-D-Gruppe im Vergleich zur Placebo-Gruppe waren 0,78 (95% Konfidenzintervall 0,61 bis 0,99, P = 0,04) für jede erste Fraktur und 0,67 (0,48 bis 0,93, P = 0,02) für die erste Hüfte-, Handgelenk- oder Unterarm-, oder Wirbelfraktur. 471 Teilnehmer starben. Das relative Risiko für die Gesamtmortalität in der Vitamin-D-

Studie 1	Studie 2
	Gruppe betrug 0,88 (0,74 bis 1,06, P = 0,18).
Schlussfolgerungen	
Eine tägliche Aufnahme von Vitamin D im Bereich von 17,5 – 20 Mikrogramm (700 – 800 IE) scheint erforderlich zu sein, um saisonale PTH-Erhöhungen im Winter zu verhindern und einen stabilen Knochenumsatz bei jungen, gesunden weißen Männern aufrechtzuerhalten.	Eine orale Supplementation mit Vitamin D reduziert Frakturen bei Männern und Frauen über 65 Jahren, die in der Allgemeinbevölkerung leben.

3 Literaturverzeichnis

BfR (2018). *Health Claims.* Zugriff am 26.09.2018. Verfügbar unter https://www.bfr.bund.de/de/health_claims-9196.html

Biesalski, H.K. (2018). Vitamine. In H.K. Biesalski, S.C. Bischoff, M. Pirlich & A. Weimann (Hrsg.), *Ernährungsmedizin* (5. überarb. und erw. Aufl.) (S. 164-205). Stuttgart: Thieme

Burckhardt, P. (2006). Vitamin D und Osteoporose. *Swiss Medical Forum, 6,* 788-793.

D-A-CH (Hrsg.). (2017). *Referenzwerte für die Nährstoffzufuhr* (2. Aufl, 3. akt. Ausg.). Bonn: Umschau Verlag

EFSA (2004). Opinion of the Scientific Panel on Dietetic Products, Nutrition and Allergies on a request from the Commission related to the Tolerable Upper Intake Level of Vitamin C (L-Ascorbic acid, its calcium, potassium and sodium salts and L-ascorbyl-6-palmitate. *EFSA Journal, 59,* 1-21.

EFSA (2006). *Tolerable upper intake levels for vitamins and minerals.* Zugriff am 20.09.2018. Verfügbar unter http://www.efsa.europa.eu/sites/default/files/efsa_rep/blobserver_assets/ndatolerable uil.pdf

EFSA (2012). Statement on the safety of ß-carotene use in heavy *smokers. EFSA Journal, 10* (12), 2953.

Hahn, A., Ströhle, A. & Biesalski, H.K. (2018). Mikronährstoffsupplemente. In H.K. Biesalski, S.C. Bischoff, M. Pirlich & A. Weimann (Hrsg.), *Ernährungsmedizin* (5. überarb. und erw. Aufl.) (S. 552-568). Stuttgart: Thieme

Schek, A. (2013). *Ernährungslehre kompakt* (5. akt. u. erw. Aufl.). Sulzbach: Umschau Zeitschriftenverlag

Stehle, P. (2018). Makro- und Mikronährstoffe – Bedarf und Referenzwerte. In H.K. Biesalski, S.C. Bischoff, M. Pirlich & A. Weimann (Hrsg.), *Ernährungsmedizin* (5. überarb. und erw. Aufl.) (S. 240-250). Stuttgart: Thieme

Trivedi, D. P., Doll, R. & Khaw K. T. (2003). *Effect of four monthly oral vitamin D3 (cholecalciferol) supplementation on fractures and mortality in men and women living in the community: randomised double blind controlled trial.* Zugriff am 26.09.2018. Verfügbar unter https://www.bmj.com/content/326/7387/469.long

Viljakainen, H. T., Väisänen, M., Kemi, V., Rikkonen, T., Kröger, H., Laitinen, E K. A et al. (2009). Wintertime vitamin D supplementation inhibits seasonal variation of calcitropic hormones and maintains bone turnover in healthy men. *Journal of Bone and Mineral Research, 24* (2).

4 Tabellenverzeichnis

BEI GRIN MACHT SICH IHR WISSEN BEZAHLT

- Wir veröffentlichen Ihre Hausarbeit,
  Bachelor- und Masterarbeit

- Ihr eigenes eBook und Buch -
  weltweit in allen wichtigen Shops

- Verdienen Sie an jedem Verkauf

Jetzt bei www.GRIN.com hochladen
und kostenlos publizieren